河南省工程建设标准

预拌砂浆绿色生产与管理技术标准

Technical standard for green production and management of ready-mixded mortar

DBJ41/T 245-2021

主编单位:河南省建筑科学研究院有限公司
批准单位:河南省住房和城乡建设厅
施行日期:2021 年 8 月 1 日

U0364448

黄河水利出版社

2021　郑州

图书在版编目(CIP)数据

预拌砂浆绿色生产与管理技术标准/河南省建筑科学研究院有限公司主编. —郑州:黄河水利出版社,2021.8
河南省工程建设标准
ISBN 978-7-5509-2516-8

Ⅰ.①预⋯ Ⅱ.①河⋯ Ⅲ.①水泥砂浆-工业生产-地方标准-河南 Ⅳ.①TQ177.6-65

中国版本图书馆 CIP 数据核字(2019)第 221431 号

出 版 社:黄河水利出版社
　　　　　地址:河南省郑州市顺河路黄委会综合楼 14 层　邮政编码:450003
发行单位:黄河水利出版社
　　　　　发行部电话:0371-66026940、66020550、66028024、66022620(传真)
　　　　　E-mail:hhslcbs@126.com
承印单位:郑州豫兴印刷有限公司
开本:850 mm×1 168 mm　1/32
印张:1.75
字数:44 千字
版次:2021 年 8 月第 1 版　　　　印次:2021 年 8 月第 1 次印刷

定价:32.00 元

河南省住房和城乡建设厅文件

公告〔2021〕46号

河南省住房和城乡建设厅
关于发布工程建设标准《预拌砂浆绿色
生产与管理技术标准》的公告

现批准《预拌砂浆绿色生产与管理技术标准》为我省工程建设地方标准,编号为 DBJ41/T 245-2021,自 2021 年 8 月 1 日起在我省施行。

本标准在河南省住房和城乡建设厅门户网站(www.hnjs.gov.cn)公开,由河南省住房和城乡建设厅负责管理。

附件:预拌砂浆绿色生产与管理技术标准

河南省住房和城乡建设厅
2021 年 6 月 11 日

前　言

　　为大力发展绿色砂浆,保证砂浆质量,满足节约资源和能源、减少污染和保护环境要求,实现可持续发展,根据河南省住房和城乡建设厅《2016 年度河南工程建设标准制定修订计划》(豫建设标〔2016〕18 号)的要求,标准编制组经深入调查研究,认真总结实践经验,并在广泛征求意见的基础上,编制本标准。

　　本标准共分为 8 章和 1 个附录,主要内容为:总则,术语,基本规定,质量管理,生产工艺设施设备,生产质量控制,产品出厂和交货验收,安全生产和职业健康。附录 A 为预拌砂浆企业实验室检测能力。

　　本标准由河南省住房和城乡建设厅负责管理,由河南省建筑科学研究院有限公司负责具体内容的解释。在执行过程中如有意见或建议,请寄送河南省建筑科学研究院有限公司(地址:郑州市金水区丰乐路 4 号,邮政编码:450053)。

主编单位:河南省建筑科学研究院有限公司
参编单位:郑州市散装水泥办公室
　　　　　　郑州市工程质量监督站
　　　　　　郑州腾飞预拌商品混凝土有限公司
　　　　　　周口市建设工程质量安全监督站
　　　　　　周口公正建设工程检测咨询有限公司
　　　　　　河南吉建建材有限公司
　　　　　　郑州市安信混凝土有限公司
　　　　　　河南省永屹综合检测有限公司
　　　　　　经纬建材有限公司
　　　　　　河南昊晖建材科技有限公司
　　　　　　河南省建科院工程检测有限公司

目　次

1 总 则

1.0.1 为规范河南省预拌砂浆绿色生产与管理技术,实现预拌砂浆生产与城乡建设、环境保护的协调发展,提升预拌砂浆行业生产管理水平,保证砂浆质量,促进资源综合利用,节能减排,改善大气环境,做到技术先进、经济合理,特制定本标准。

1.0.2 本标准适用于河南省行政区域内预拌砂浆绿色生产与管理。

1.0.3 预拌砂浆绿色生产与管理除应符合本标准的要求外,尚应符合国家现行有关标准的规定。

2 术 语

2.0.1 预拌砂浆绿色生产 green production in ready-mixed mortar

在保证预拌砂浆质量的前提下,以节能、降耗、减排和环境保护为目标,依靠科学管理和技术手段,在预拌砂浆的生产、运输、施工过程中实现工业生产全过程控制,使污染排放最小化,资源利用最大化以及对人身安全的不利影响最小化的一种生产方式。

2.0.2 绿色建材 green building material

在全生命周期内可减少对天然资源消耗和减轻对生态环境影响,具有节能、减排、安全、便利和可循环特征的建材产品。

2.0.3 预拌砂浆 ready-mixed mortar

专业生产厂生产的湿拌砂浆或干混砂浆。

2.0.4 湿拌砂浆 wet-mixed mortar

由专业生产厂生产,由细骨料、胶凝材料、填料、掺合料、外加剂、水以及按性能确定的其他成分,按预先确定的比例和加工工艺经计量、拌制后,用搅拌车送至施工现场,并在规定时间内使用的拌和物。

2.0.5 干混砂浆 dry-mixed mortar

由水泥、干燥的细骨料、矿物掺合料、添加剂以及根据性能确定的其他组分,按一定比例,在专业生产厂经计量、混合而成,在使用地点按规定比例加水拌和使用的混合物。干混砂浆又称干粉砂浆或干拌砂浆。

2.0.6 预拌砂浆绿色生产线 green production line in ready-mixed mortar

生产产品符合国家、行业和地方相关标准要求,且粉尘、噪声、污水排放符合国家、行业和地方相关标准,生产废水、废料零排放,实现砂浆高效、节能、安全和环保的生产线。

2.0.7 湿拌砂浆生产废料 industrial waste materials of wet-mixed mortar

湿拌砂浆生产中产生的未硬化的砂浆经过分离机分离后的砂、浆水等可回收利用的砂浆材料。

2.0.8 干混砂浆灰料 ash material of dry-mixed mortar

在干混砂浆生产的各工段,通过收尘、清扫所收集的材料。

2.0.9 湿拌砂浆生产废水 industrial waste water of wet-mixed mortar

清洗湿拌砂浆搅拌设备、运输设备和出料位置地面时所产生的含有水泥、粉煤灰、砂、外加剂等组分的可以回收利用的悬浊液。

2.0.10 湿拌砂浆生产废水处理系统 treatment system of industrial waste water of wet-mixed mortar

对湿拌砂浆生产废料、废水进行回收和循环利用的设施设备的总称。

3 基本规定

3.0.1 预拌砂浆生产企业应遵守国家、行业和地方有关节能、节材、节水、节地和环境保护的要求,新建企业必须在建设前进行环境影响评价,企业建成经验收合格后方可生产。

3.0.2 预拌砂浆厂(站)的设计和建设应符合现行地方行业标准《预拌混凝土和预拌砂浆厂(站)建设技术规程》DBJ41/T 165 的规定。

3.0.3 预拌砂浆企业在新建、改建、扩建时应按照砂浆绿色生产线的要求将环保设施与生产设施同时设计、同时施工、同时投产。

3.0.4 预拌砂浆企业应制定噪声、粉尘和污水排放控制制度以及湿拌砂浆生产废料、干混砂浆灰料和湿拌砂浆生产废水处理制度并加以实施。

3.0.5 预拌砂浆质量应符合现行国家标准《预拌砂浆》GB/T 25181 和现行地方行业标准《预拌砂浆生产与应用技术规程》DBJ41/T 078 及相关特种砂浆标准的规定。

3.0.6 预拌砂浆企业应控制砂浆强度实测值与设计值的比值。对于普通砂浆,砂浆抗压强度实测值与设计值的比值不宜大于2.0,不应小于1.0;对于 EPS 外墙外保温系统用黏结砂浆、EPS 外墙外保温系统用抹面砂浆的原始拉伸黏结强度实测值与设计值的比值不宜大于1.8,不应小于1.0;对于干混陶瓷黏结砂浆的原始拉伸黏结强度实测值与设计值的比值不宜大于2.5,不应小于1.0。

3.0.7 预拌砂浆企业连续 10 个批次产品强度的离散系数宜控制在 10%~30% 之间。

3.0.8 预拌砂浆企业应控制普通砂浆保水率的实测值与设计值的比值在 1.00~1.10 之间。对于 EPS 外墙外保温系统用黏结砂浆、EPS 外墙外保温系统用抹面砂浆的可操作时间不小于 1.5 h

时,拉伸黏结强度实测值与设计值的比值不宜大于 1.8,不应小于 1.0;对于干混陶瓷黏结砂浆分别晾置 20 min 后的拉伸黏结强度实测值与设计值的比值不宜大于 1.8,不应小于 1.0。

3.0.9 预拌砂浆企业应合理设置质量管理部门,并配备相应的管理和技术人员。

3.0.10 预拌砂浆企业应建立健全管理制度,并应制定所有部门和人员的职责。

3.0.11 预拌砂浆企业应具有其生产产品详细、可行的应用技术文件。

3.0.12 预拌砂浆企业的专用砂浆运输车辆颜色和标识应统一,并应安装车载卫星定位系统,明确专人负责实时监控车辆运行。

3.0.13 专用砂浆运输车辆的特殊运输车辆通行证及其他手续应齐全有效,符合交通主管部门关于特殊车辆的管理规定。

3.0.14 预拌砂浆生产企业应依据现行国家标准《质量管理体系要求》GB/T 19001、《环境管理体系 要求及使用指南》GB/T 24001 和《职业健康安全管理体系要求》GB/T 28001 建立并运行质量管理体系、环境管理体系和职业健康安全管理体系,并分别取得质量管理体系认证证书、环境管理体系认证证书和职业健康安全管理体系认证证书。

3.0.15 预拌砂浆企业应按现行国家标准《用能单位能源计量器具配备和管理通则》GB 17167、《建筑材料行业能源计量器具配备和管理要求》GB/T 24851 的规定配备能源计量器具,并应建立能源计量管理制度。

3.0.16 预拌砂浆企业生产线宜设置能源计量系统,并应通过安装分类和分项能耗计量装置,采用远程传输等手段实时采集能耗数据。预拌砂浆企业应对砂浆生产用燃料进行计量。

3.0.17 预拌砂浆企业应具有符合国家、行业和地方标准要求的预拌砂浆生产技术条件。

4 质量管理

4.1 一般规定

4.1.1 预拌砂浆企业在原材料选用、配合比设计、生产、运输和施工等方面应严格执行相关标准和规范的要求。

4.1.2 预拌砂浆企业应有原材料出入库台账、产品设计配合比、产品试验和生产以及产品出入库台账等技术文件。

4.1.3 预拌砂浆企业应具有对原材料与产品检验的实验室。

4.1.4 预拌砂浆企业的技术人员应参加由行业行政管理部门或相关培训机构组织的专业培训和技术交流活动,每年不应少于18个学时。

4.2 质量部门管理

4.2.1 预拌砂浆企业应建立专门的质量管理部门,质量管理部门应具备生产过程质量控制和处理现场工程质量问题的能力。

4.2.2 质量管理部门机构负责人应具有工程师及以上技术职称,并具有三年及以上相关行业工作经验。

4.2.3 质量管理部门应至少具有以下职责:

 1 协助企业制定企业的质量方针和质量目标。

 2 编制质量管理体系文件。

 3 管理、监督管理体系的运行。在企业技术负责人和质量负责人领导下,独立行使质量管理、质量监督职权。

 4 开展质量抽查,并考核质量管理工作质量。

 5 负责质量事故的分析处理。

 6 负责产品的出厂管理。

 7 负责制订人员技术培训计划并组织实施。

8 在质量负责人领导下,组织开展管理体系内部审核。

9 负责企业的技术档案管理。

4.2.4 预拌砂浆企业应至少制定以下管理制度:

1 原材料进厂检验和验收制度。

2 生产过程质量控制制度。

3 产品出厂检验及管理制度。

4 产品交接验收制度。

5 售后质量服务制度。

6 技术文件收集及档案管理制度。

7 不合格品和质量事故分析处理及报告制度。

8 安全生产管理制度。

9 环境保护管理制度。

10 废弃物回收利用管理制度。

11 原材料合格供应商的评价制度。

4.3 实验室管理

4.3.1 预拌砂浆企业实验室应至少具有以下职责:

1 控制和分析原材料质量。

2 负责原材料进厂记录和复验。

3 负责配合比的设计与调整及产品性能检测。

4 负责售后技术服务。

5 配合质量事故分析处理。

6 负责技术档案的建立和管理。

4.3.2 预拌砂浆企业实验室的人员配置及人员管理应符合以下要求:

1 具有与其从事检测活动相适应的检测技术人员和管理人员,检测人员的专业配置合理。

2 实验室主任、技术负责人、质量负责人和其他检测技术人员应不少于 5 人。实验室主任和技术负责人应具备本专业高级技术职称或中级职称并具有 6 年以上本专业从业经历或同等能力，胜任所承担的工作。

  3 实验室应规定技术负责人、质量负责人及有关人员的职责。

  4 实验室的抽样、设备操作和检测等人员应经过专门培训、考核，并依据相应的教育、培训、技能和经验进行能力确认和持证上岗。

  5 实验室人员不得同时在两家或两家以上预拌砂浆企业从业。

  6 实验室应建立人员技术档案，档案宜包括学历、专业、专业技术职称、技术经历、教育培训、能力确认、监督和工作业绩的记录。

4.3.3 预拌砂浆企业的实验室应具有固定的工作场所，工作环境满足检测工作要求。建筑面积、场地应满足设备布置及安全工作的要求。

4.3.4 实验室的检测场所应按功能分区清晰，布局合理，符合检测工作温度、湿度等规范标准规定的环境条件要求。

4.3.5 实验室的样品试件登记、标识、存放应符合以下要求：

  1 样品试件的受理人员应建立样品试件登记台账。

  2 样品试件应具有唯一性标识。

  3 样品试件应分类存放。

4.3.6 实验室的检测场所应有明显的标识和安全管理措施，并应符合下列要求：

  1 对影响工作质量和涉及安全的区域应有效控制，并有明显标识。

  2 检测场所应配备必需的消防器材。

4.3.7 实验室的原始记录应符合下列要求：

1 原始记录应采用统一格式。

2 检测原始记录应与检测过程同步完成,记录真实。

3 原始记录信息应完整及清晰。

4.3.8 实验室应建立检测原始记录台账,并完好安全保存检测原始记录,检测原始记录的保存期不应少于 6 年。

4.3.9 预拌砂浆企业实验室应至少具备附录 A 所规定的检测能力,并正确配备所需要的仪器设备,仪器设备的精度应符合相应规范标准的规定。

4.3.10 实验室的仪器设备应按期检定或校准,并应在检定或校准的有效期内使用。

4.3.11 实验室的仪器设备应具有唯一性标识,并用三色标识标出仪器设备当前的使用状态。

4.3.12 预拌砂浆企业实验室应建立仪器设备使用档案,档案内容宜包括仪器设备名称、规格、型号、生产厂家、出厂日期、出厂合格证、使用说明书、检定或校准证书及维修记录。

5 生产工艺设施设备

5.1 一般规定

5.1.1 预拌砂浆企业应选用低噪声、低能耗、低排放等技术先进的生产、运输和泵送设备,不得采用国家淘汰目录中的工艺和设备。

5.1.2 预拌砂浆企业的生产、运输设备宜使用清洁能源。

5.1.3 预拌砂浆企业应采用有效的收尘设施设备。对产生粉尘排放的设施设备或场所应安装除尘装置,并应进行封闭处理。湿拌砂浆的骨料堆场应安装喷淋装置。

5.1.4 预拌砂浆企业厂界环境空气功能区类别划分和环境空气污染物中的总悬浮颗粒物、可吸入颗粒物和细颗粒物的浓度控制要求应符合表 5.1.4 的规定。

表 5.1.4 总悬浮颗粒物、可吸入颗粒物和细颗粒物的浓度控制要求

污染项目	测试时间（h）	厂界平均浓度差值最大限值（$\mu g/m^3$）	
		自然保护区、风景名胜区和其他需要特殊保护的区域	居住区、商业交通居民混合区、文化区、工业区和农村地区
总悬浮颗粒物	1	120	300
可吸入颗粒物	1	50	150
细颗粒物	1	35	75

注:1. 厂界平均浓度差值应是在厂界处测试 1 h 颗粒物平均浓度与当地发布的当日 24 h 颗粒物平均浓度的差值。

2. 当地不发布或发布值不符合预拌砂浆企业所处实际环境时,厂界平均浓度差值应采用在厂界处测试 1 h 颗粒物平均浓度与参照点当日 24 h 颗粒物平均浓度的差值。

5.1.5 预拌砂浆企业厂区内生产时段总悬浮颗粒物的 1 h 平均

浓度应符合下列规定:

    1 砂浆的计量层和搅拌层不应大于 1 000 $\mu g/m^3$。

    2 骨料堆场不应大于 800 $\mu g/m^3$。

    3 操作间、办公区和生活区不应大于 400 $\mu g/m^3$。

5.1.6 预拌砂浆企业应选用低噪声的生产设备,并应对产生噪声的主要设备设施进行降噪处理。

5.1.7 预拌砂浆企业生产线临近居民区时,应在对应厂界安装隔声装置。

5.1.8 预拌砂浆企业的所有噪声源在工作时的噪声应符合下列规定:

    1 控制室内的噪声不应大于 80 dB(A)。

    2 预拌砂浆企业的厂界声环境功能区类别划分和环境噪声最大限值应符合表 5.1.8 的规定。

表 5.1.8 **预拌砂浆企业厂界环境噪声排放限值**

单位:dB(A)

厂界外声环境功能区类别	时段	
	昼间	夜间
以居民住宅、医疗卫生、文化教育、科研设计、行政办公为主要功能,需要保持安静的区域	55	45
以商业金融、集市贸易为主要功能,或者居住、商业、工业混杂,需要维护住宅安静的区域	60	50
以工业生产、仓储物流为主要功能,需要防止工业噪声对周围环境产生严重影响的区域	65	55
高速公路、一级公路、二级公路、城市快速路、城市主干路、城市次干路、城市轨道交通地面段、内河航道两侧区域、交通干线两侧一定距离之内,需要防止交通噪声对周围环境产生严重影响的区域	70	55

注:环境噪声限值是指等效声级。

5.1.9 预拌砂浆的运输车辆应装有车载卫星定位系统,纳入车载卫星定位信息平台,并将车辆的相关信息实时上传至当地行政管理机构。

5.2 湿拌砂浆生产设施设备

5.2.1 湿拌砂浆生产线应采用自动控制系统。其工序宜包括储存、输送、筛分、计量、搅拌和运输等。

5.2.2 搅拌机应采用符合现行国家标准《混凝土搅拌机》GB/T 9142 规定要求的全自动控制的强制式搅拌机。

5.2.3 湿拌砂浆的搅拌机、配料机和粉料筒仓应设在封闭的搅拌楼内。

5.2.4 细骨料输送管道必须全密闭,运行时不得有通往大气的出口,严禁在细骨料输送过程中出现粉尘外泄。

5.2.5 原材料应采用计量系统。所有计量设备应具有有效的计量或校准合格证书,每台班生产前应对计量设备进行自校。

5.2.6 搅拌楼应配备收尘设施,并应设专人管理,定期保养或更换滤芯,保持收尘设施正常使用。

5.2.7 搅拌楼的搅拌层和计量层应设置冲洗装置,冲洗产生的废水应通过专用管道进入废水处置系统。

5.2.8 搅拌主机卸料口应配备防喷溅设施,地面生产废渣应及时清理,保持主机下料口下方的清洁。

5.2.9 布设在密闭搅拌楼外的骨料筒仓必须配置脉冲式袋式除尘设施。除尘设施应有专人管理,定时清洁及更换滤芯(料),确保除尘设施正常运行。

5.2.10 粉料筒仓除吹灰管及除尘器外,不得再有通向大气的出口。吹灰管应采用硬式密闭接口,不得泄漏。

5.2.11 粉料筒仓上料口应配备密闭防尘设施,上料过程应有专人监控,严禁粉料泄漏。

5.2.12 不同材料应分仓储存,并应标识清晰。粉料筒仓应配备料位控制系统,料位控制系统应定期检查,确保料位控制系统正常运行。

5.2.13 粉料筒仓应符合现行国家标准《粉尘防爆安全规程》GB 15577 的有关规定。

5.2.14 骨料装卸、装运、配料应在室内完成。

5.2.15 骨料堆场应建成封闭式堆场,宜采用喷淋设施减少扬尘。骨料堆场车辆进出口和卸料区应配置喷淋设施降尘或负压收尘等装置收尘。

5.2.16 骨料装卸宜采用布料机。

5.2.17 应配备运输车清洗系统。

5.2.18 所有进出湿拌砂浆厂区的运输车辆应进行清洗,冲洗产生的废水宜通过专用管道进入废水处置系统。运输车辆出入厂区应外观清洁。

5.2.19 湿拌砂浆的运输车应按不超过规定装载量装运,料斗应及时清理并有防撒漏措施,确保运输过程中不撒漏。

5.2.20 生产不同品种砂浆时,其搅拌和输送设备必须清理干净。

5.3 干混砂浆生产设施设备

5.3.1 干混砂浆生产线应采用自动控制系统。其工序宜包括储存、输送、骨料制备、计量、混合、包装或散装、运输等。

5.3.2 干混砂浆的混合机和粉料筒仓应设在封闭的搅拌楼内。

5.3.3 厂内材料的储存与运输应符合下列要求:

1 原材料、袋装成品均应全封闭存放。

2 分级处理后的细骨料、散装进厂的粉料、散装成品砂浆应分仓储存,并应标识清晰。

3 细骨料的输送设备必须全密闭。

4 储料筒仓应配置料位指示器,宜采用在线料位显示。储料筒仓应配置破拱装置。筒仓底部出料口应配置阀门。筒仓上应有通气孔,并应根据储存物料性质设置收尘装置。

5 所有含粉干物料的输送设备必须全密闭,运行时不得有通往大气的出口,严禁输送过程中出现粉尘外泄。

6 散装进厂的粉料宜由散装运输车直接气送至相应筒仓内。

5.3.4 机制砂制备系统应符合下列要求:

1 机制砂制备系统应建在厂房内,并应设置配套的收尘系统。

2 制砂机应安装缺料报警装置、除铁装置和喂料机。

3 宜选择立式冲击式制砂机。

4 机制砂制备系统分离出来的石粉应采用封闭的筒仓存放。

5.3.5 烘干系统应符合下列要求:

1 应设置单独的车间,并应配置独立的收尘系统。

2 烘干系统应选用清洁能源。

3 烘干系统的出料含水率不宜大于 0.5%。

4 烘干系统的出料温度不宜高于 70 ℃。

5 烘干系统收尘器分离出来的粉料,应根据性能特点,采取相应的处理措施。

5.3.6 干砂分级系统应符合下列要求:

1 分级系统宜采用机械筛分结合气流分级的工艺。

2 分级系统宜根据级配要求,确定筛分机的种类、规格、筛网层数和筛分机数量;宜选用具有在线清网功能、筛网易于拆换的筛分机。

3 分级系统应配置收尘系统。收尘器中的粉料,应有合理的处置方案。

5.3.7 干混砂浆生产线的计量配料系统宜由原料配料仓、计量螺旋输送机或计量阀、计量称斗、气动蝶阀组成。计量配料系统各组成的配置应与混合机的混合参数匹配。

5.3.8 混合系统应由进料管、混合机以及混合机下面的过渡仓等设备及部件组成。混合系统应符合下列要求：

    1 应合理确定混合机的型式、型号和数量。

    2 混合机应符合现行行业标准《建材工业用干混砂浆混合机》JC/T 2182 有关规定要求。

    3 混合机上方应设有专用的通气罩。

5.3.9 收尘系统应符合下列规定：

    1 各扬尘点均应配置收尘装置。

    2 收尘系统宜根据实际情况，采用中央集中收尘和分散点收尘相结合的方式。

    3 收尘系统宜采用袋式收尘器。

    4 收尘能力应与生产线的粉尘排放量相匹配。

    5 收集的粉尘应进行循环利用。

5.3.10 干混砂浆的运输车应具有收尘功能。

5.4 废料废水处理设施

5.4.1 湿拌砂浆企业应配备完善的生产废水处置系统，可包括砂浆回收系统、排水沟系统、多级沉淀池系统和管道系统。排水沟系统应覆盖连通所有生产废水排放的区域，并与多级沉淀池连接；管道系统可连通多级沉淀池和搅拌主机。

5.4.2 由砂浆回收系统分离出的砂、浆液可再利用于砂浆的生产。

5.4.3 应设置专用的湿拌砂浆生产废水沉淀池或废浆罐，并应确保进入搅拌主机的废水中固体颗粒分散均匀，其浓度宜可控。

5.4.4 预拌砂浆企业在生产过程中，不得向厂界以外直接排放生产废水和废弃砂浆。

6 生产质量控制

6.1 一般规定

6.1.1 预拌砂浆企业应根据质量管理要求选择合格的原材料供应商,并保存对供应商的评价记录和合格供应商名单。

6.1.2 预拌砂浆企业应做好原材料进货记录,并保留生产单位的原材料质量证明文件。

6.1.3 进场的原材料应按照有关规范标准和质量管理的要求进行抽样,检测合格后方可使用。

6.1.4 原材料储存和使用应按照先进先出的原则,合理布置原材料储存位置和仓位。不同种类的原材料应分别储存在专用筒仓或料仓内,并标记清楚。

6.1.5 预拌砂浆企业和原材料供应商应在材料进场时共同取样封存,封存的样品数量应能满足相关规范标准规定检测的需要。

6.1.6 预拌砂浆企业在原材料选择上宜优先考虑地方资源的利用。

6.1.7 预拌砂浆企业在原材料选择上宜优先考虑运输半径小的原材料,累计运输半径不大于 500 km 的原材料质量比例不宜少于90%。

6.2 预拌砂浆原材料

6.2.1 预拌砂浆所用的原材料不得对环境有污染及对人体有害,并应符合现行国家标准《民用建筑工程室内环境污染控制规范》GB 50325 的有关规定要求。

6.2.2 预拌砂浆所用的原材料不得含有亚硝酸盐、氯化物盐和邻苯二甲酸酯类等成分。

6.2.3 胶凝材料

1 水泥宜选用硅酸盐水泥、普通硅酸盐水泥,并应符合现行国家标准《通用硅酸盐水泥》GB 175 的规定要求。采用其他水泥时应符合相应规范标准的规定。

2 水泥应使用散装水泥,并相对固定水泥生产厂家。

3 进厂水泥应按现行国家标准的规定批量检测其强度和安定性,若有要求还应检测其他指标,检测合格后方可使用。

4 预拌砂浆使用的除水泥外的其他胶凝材料应按现行国家、行业或地方规范标准的规定批量复检,复检合格方可使用。

6.2.4 细骨料

1 天然砂、机制砂、再生细骨料应经过筛分处理,天然砂和机制砂应符合现行国家标准《建设用砂》GB/T 14684 和现行行业标准《普通混凝土用砂、石质量及检验方法标准》JGJ 52 的规定要求,且不应含有公称粒径大于 4.75 mm 的颗粒。采用天然砂,宜选用中砂。抹灰砂浆的最大粒径应通过 2.36 mm 筛孔。机制砂及混合砂应符合现行地方标准《混合砂混凝土应用技术规程》DBJ41/T 048 的要求。再生细骨料应符合现行国家标准《混凝土和砂浆用再生细骨料》GB/T 25176 的规定要求。

2 Ⅰ类再生细骨料可用于配制各种强度等级的预拌砂浆;Ⅱ类再生细骨料宜用于配制强度等级不高于 M15 的预拌砂浆;Ⅲ类再生细骨料宜用于配制强度等级不高于 M10 的预拌砂浆。

3 再生细骨料占细骨料总量的百分比不宜大于 50%,当有可靠试验依据时可适当提高再生细骨料的掺量。

4 采用其他特种砂代替细骨料时,应确保对砂浆性能不会产生不良影响。

6.2.5 矿物掺合料

1 粒化高炉矿渣粉、天然沸石粉、石灰石粉、硅灰应分别符合《用于水泥、砂浆和混凝土中的粒化高炉矿渣粉》GB/T 18046、《混凝土与砂浆用天然沸石粉》JGJ/T 566、《石灰石粉在混凝土中应用技术规程》JGJ/T 318、《砂浆和混凝土用硅灰》GB/T 27690 的规定要求。

2 粉煤灰作为矿物掺合料时,宜采用现行国家标准《用于水泥和混凝土中的粉煤灰》GB/T 1596 规定的Ⅰ级或Ⅱ级粉煤灰。

3 采用其他品种矿物掺合料时,应符合相关标准的规定,并应通过试验确定。

6.2.6 外加剂和添加剂

1 可再分散乳胶粉、纤维素醚、颜料、添加剂应分别符合现行行业标准《建筑干混砂浆用可再分散乳胶粉》JC/T 2189、《建筑干混砂浆用纤维素醚》JC/T 2190、《混凝土和砂浆用颜料及其试验方法》JC/T 539 和《抹灰砂浆添加剂》JC/T 2380 等的规定要求。其他添加剂等应符合相关规范标准的规定或经过试验验证。

2 外加剂应符合现行国家标准《混凝土外加剂》GB 8076 和现行行业标准《砂浆、混凝土防水剂》JC 474、《砌筑砂浆增塑剂》JG/T 164 等的规定要求。

3 纤维材料应符合现行国家标准《水泥混凝土和砂浆用合成纤维》GB/T 21120 的规定要求。

6.2.7 水

湿拌砂浆拌和用水应符合现行国家标准《混凝土用水标准》JGJ 63 的规定要求。

6.3 配合比的确定和执行

6.3.1 预拌砂浆生产前必须进行配合比的设计和试配。

6.3.2 预拌砌筑砂浆配合比设计中的试配强度应按照现行行业标准《砌筑砂浆配合比设计规程》JGJ/T 98 的规定要求执行,预拌抹灰砂浆配合比设计中的试配强度应按照现行行业标准《抹灰砂浆技术规程》JGJ/T 220 的规定要求执行。

6.3.3 预拌砂浆配合比设计后,应经试配调整,其结果用质量比表示。当预拌砂浆的组成材料和生产工艺有变更时,其配合比应重新确定。

6.3.4 预拌砂浆企业应建立砂浆配合比汇总表,汇总表应包括各原材料的名称、生产厂家、品种等级、批号、用量、性能指标以及该配合比下产品的各项性能指标,并定期进行统计分析。

6.3.5 预拌砂浆配合比宜综合利用固体废弃物代替水泥和砂等材料。固体废弃物的取代量应通过试验确定。其生产的产品性能应满足相关规范标准的规定。

6.3.6 预拌砂浆企业应根据试验结果,明确干混砂浆加水量范围。

6.3.7 在确定湿拌砂浆稠度时应考虑砂浆在运输和储存过程中的稠度损失。

6.4 湿拌砂浆生产质量控制

6.4.1 计量

1 计量设备应能连续计量不同配合比砂浆的各种材料,并应具有实际计量结果逐盘记录和存储功能。

2 各种粉体原材料的计量均应按质量计,水和液体外加剂的计量可按体积计。

3 原材料的计量允许偏差不应大于表6.4.1规定的范围。

表6.4.1 原材料的计量允许偏差 （%）

原材料品种	水泥	细骨料	矿物掺合料	外加剂	水
每盘计量允许偏差	±2	±3	±2	±2	±2
累计计量允许偏差	±1	±2	±1	±1	±1

注:累计计量允许偏差是指每一运输车中各盘砂浆的每种材料计量和的偏差。

6.4.2 搅拌

1 湿拌砂浆搅拌时间应参照搅拌机的技术参数通过试验确定,必须保证砂浆搅拌均匀。

2 生产中应测定细骨料的含水率,每一工作班不宜少于1次,当含水率有显著变化时,应增加测定次数,并应依据检测结果及时调整用水量和砂用量。

6.4.3 运输

1 湿拌砂浆应采用专用砂浆运输车辆运输,专用砂浆运输车辆在运输过程中应保持车身清洁,不得污染道路。

2 砂浆运输车在装料前,装料口应保持清洁,筒体内不得有积水、积浆及杂物。

3 在装料及运输过程中,应保持砂浆运输车筒体按一定速度旋转,使砂浆运至储存地点后,不离析,不分层,组分不发生变化,并能保证施工所必需的稠度。

4 运输设备应不吸水,不漏浆,并保证卸料及输送畅通,严禁在运输过程中加水。

5 湿拌砂浆在砂浆运输车中运输的延续时间应符合表6.4.3的规定。

表6.4.3　湿拌砂浆在砂浆运输车中运输的延续时间规定

气温	运输延续时间(min)
5~35 ℃	≤150
>35 ℃	≤120

6.4.4 储存

1 砂浆运至储存地点后除直接使用外,必须储存在不吸水的容器内,并防止水分的蒸发。储存容器应有利于砂浆装卸,且便于清洗。

2 储存容器标识应明确,应确保先存先用,后存后用。

3 砂浆在储存过程中严禁加水。严禁使用超过凝结时间的砂浆,严禁不同品种的砂浆混存混用。

4 砂浆自加水搅拌到使用完毕应控制在规定时间内。

6.5 干混砂浆生产质量控制

6.5.1 干混砂浆用细骨料含水率宜控制在<0.5%。

6.5.2 干混砂浆用砂子等细骨料必须经过分级筛分,宜分成粗、中、细三个及以上不同粒径等级,按不同粒径等级分别储存在不同的专用筒仓内。

6.5.3 干混砂浆生产线的主要原材料计量允许误差应满足表 6.5.3 的规定。

表 6.5.3　原材料计量允许误差

原材料	水泥	细骨料	外加剂	矿物掺合料	其他材料
干混砂浆每盘计量允许误差(%)	±2	±2	±1	±2	±2

6.5.4 搅拌

1 干混砂浆搅拌时间应参照搅拌机的技术参数通过试验确定,必须保证砂浆搅拌均匀,搅拌均匀性宜控制在≥90%。均匀性的测试方法应按现行地方标准《预拌砂浆生产与应用技术规程》DBJ41/T 078 的规定进行。

2 品种更换时,搅拌及运输设备必须清理干净。

6.5.5 包装

1 袋装

干混普通砂浆不宜采用袋装。干混特种砂浆可用纸袋、复合袋、复膜塑编袋或复合材料袋以糊底或缝底方式包装,包装袋的牢固度、包装袋的外观质量等均应符合现行国家标准《水泥包装袋》GB 9774 的规定。袋装干混特种砂浆每袋包装质量不得小于标志质量的 98%,也不得大于其标志质量的 102%,且随机抽取 20 袋总质量不得小于标志的总质量。

2　散装

散装干混砂浆运输可分为散装专用砂浆运输车运输和罐装运输,散装专用砂浆运输车或罐装的储存罐应密封、防水、防潮和备有除尘设备。

3　标志

干混特种砂浆用的包装袋(或散装罐相应的卡片)上应有清晰的标志,并至少显示产品的以下内容:

(1)产品名称和执行标准;

(2)产品标记;

(3)生产厂名称和地址;

(4)生产日期;

(5)生产批次号;

(6)加水量要求;

(7)加水搅拌时间;

(8)内装材料质量;

(9)产品储存条件和储存期。

生产厂家亦可视产品情况在包装袋(或散装罐相应的卡片)上加注以下标志:

(1)产品用途;

(2)产品色泽;

(3)使用限值;

(4)安全使用要求;

(5)产品认证标识等。

6.5.6 运输和储存

1 袋装干混特种砂浆在运输和储存过程中,应防水、防潮,不得靠近高温或受阳光直射。

2 袋装干混特种砂浆应按照不同种类、不同强度分级、不同批号分开堆放,严禁混用。

3 干混特种砂浆应按进场顺序,先进先用,后进后用。超出储存期的应经复验合格后方可使用。

7 产品出厂和交货验收

7.1 预拌砂浆企业的产品出厂宜由企业的质量管理部门负责管理。质量管理部门应配备专业技术人员负责预拌砂浆出厂的管理事宜。

7.2 预拌砂浆企业的产品出厂必须按相关的规范标准检测,各项出厂检测项目的指标符合要求时,方可出具产品出厂通知单,准予出厂。

7.3 预拌砂浆企业应做好出厂记录,出厂记录至少应包括产品的批号、品种、强度等级、数量、生产日期、出厂日期等内容。

7.4 预拌砂浆企业应提供产品合格证、产品使用说明书或施工应用指南,所有检测龄期结束后 7 d 内,向需方出具正式检测报告。

7.5 预拌砂浆企业应在购销合同中明确产品的验收方法,包括取样方法和频率、试件制作和养护、产品技术指标的要求以及产品质量争议的处理方法等内容。

7.6 供需双方应在合同规定的地点交货,需方应指定专人及时对所供预拌砂浆的质量、数量进行确认,供方应在发货时附上产品质量合格证。

7.7 预拌砂浆企业应做好售后服务,征询用户对预拌砂浆性能和服务等方面的意见,建立用户档案,制订改进措施。

8 安全生产和职业健康

8.1 预拌砂浆企业安全生产标准化水平应至少符合现行行业规范《企业安全生产标准化基本规范》AQ/T 9006 规定的三级水平。

8.2 生产区的危险设备和地段应设置醒目安全标识,安全标识的设定应符合现行国家标准《安全标志及其使用导则》GB 2894 的规定要求。

8.3 进入生产现场的人员应佩戴安全帽等相应的个人安全防护装备。进行高空作业应系安全带。

8.4 对存在消防隐患的设施、区域应设置防火标识和消防器材。

8.5 预拌砂浆企业应设置安全生产管理和安全事故应急小组,制订安全事故应急预案,并有专业安全工作人员,且每年组织不少于一次的全员安全培训。

8.6 预拌砂浆企业应采取有效的防毒、防污、防尘、防潮、通风、防噪声等措施,生产区内受噪声、粉尘污染的场所,工作人员应佩戴相应的防护器具。

8.7 预拌砂浆企业应建立健康保障制度,确保从业人员职业健康。预拌砂浆企业从业人员应定期进行体检。

附录 A 预拌砂浆企业实验室检测能力

表 A 预拌砂浆企业实验室检测能力

名称		检测项目
胶凝材料	水泥	标准稠度用水量、凝结时间、安定性、强度
	石膏	细度、凝结时间、强度
细骨料	天然砂	颗粒级配、含泥量、泥块含量、有机物含量、表观密度、堆积密度、空隙率
	机制砂、混合砂	颗粒级配、石粉含量、泥块含量、有机物含量、压碎指标、表观密度、堆积密度、空隙率
	再生细骨料	颗粒级配、微粉含量、泥块含量、有害物质含量、压碎指标、再生胶砂需水量比、再生胶砂强度比、表观密度、堆积密度、空隙率
外加剂	增塑剂	凝结时间差、抗压强度比、含气量、分层度
	抹灰砂浆添加剂	堆积密度、密度、含水率、固体含量、pH 值
掺合料	矿渣粉	比表面积、活性指数、流动度比、含水量
	粉煤灰	细度、需水量比、烧失量、含水量
	硅灰	比表面积、活性指数、含水量
	石灰石粉	细度、活性指数、流动度比、含水量、亚甲蓝值
	沸石粉	细度、活性指数、需水量比、烧失量、含水量
预拌砂浆生产与性能检测	砌筑砂浆	稠度、保水率、凝结时间、2 h 稠度损失率、抗压强度、均匀性、可操作时间(湿拌砂浆)
	抹灰砂浆	稠度、保水率、凝结时间、2 h 稠度损失率、抗压强度、均匀性、拉伸黏结强度、收缩率、可操作时间(湿拌砂浆)
	地面砂浆	稠度、保水率、凝结时间、2 h 稠度损失率、抗压强度、均匀性、可操作时间(湿拌砂浆)

注:1.砂浆企业凡不涉及上述原材料或产品检测内容的,其相应的检测项目可不做要求。

2.对于生产特种砂浆的企业,应按相关标准另行设置检测项目。

本标准用词说明

1 执行本标准条文时,对要求严格程度不同的用词说明如下:

1)表示很严格,非这样不可的用词:

正面词采用"必须",反面词采用"严禁";

2)表示严格,在正常情况下均应这样做的用词:

正面词采用"应",反面词采用"不应"或"不得";

3)表示允许稍有选择,在条件许可时首先应这样做的用词:

正面词采用"宜",反面词采用"不宜";

4)表示有选择,在一定条件下可以这样做的,采用"可"。

2 条文中指明应按其他有关标准、规范执行时,写法为"应按……执行"或"应符合……要求或规定"。

引用标准名录

1 《通用硅酸盐水泥》GB 175

2 《用于水泥和混凝土中的粉煤灰》GB/T 1596

3 《安全标志及其使用导则》GB 2894

4 《环境空气质量标准》GB 3095

5 《声环境质量标准》GB 3096

6 《水泥工业大气污染物排放标准》GB 4915

7 《混凝土外加剂》GB 8076

8 《质量管理体系 要求》GB/T 19001

9 《混凝土搅拌机》GB/T 9142

10 《水泥包装袋》GB 9774

11 《工业企业厂界环境噪声排放标准》GB 12348

12 《环境管理体系 要求及使用指南》GB/T 24001

13 《建设用砂》GB/T 14684

14 《环境空气 总悬浮颗粒物的测定 重量法》GB/T 15432

15 《粉尘防爆安全规程》GB 15577

16 《用能单位能源计量器具配备和管理通则》GB 17167

17 《用于水泥、砂浆和混凝土中的粒化高炉矿渣粉》GB/T 18046

18 《水泥混凝土和砂浆用合成纤维》GB/T 21120

19 《建筑材料行业能源计量器具配备和管理要求》GB/T 24851

20 《混凝土和砂浆用再生细骨料》GB/T 25176

21 《预拌砂浆》GB/T 25181

22 《砂浆和混凝土用硅灰》GB/T 27690

23 《职业健康安全管理体系 要求》GB/T 28001

24 《预拌砂浆术语》GB/T 31245

25 《民用建筑工程室内环境污染控制规范》GB 50325

26 《干混砂浆生产线设计规范》GB 51176

27 《工业场所有害因素职业接触限值 化学有害因素》GBZ 2.1 的规定

28 《工业场所有害因素职业接触限值 物理有害因素》GBZ 2.2 的规定

29 《普通混凝土用砂、石质量及检验方法标准》JGJ 52

30 《混凝土用水标准》JGJ 63

31 《建筑砂浆基本性能试验方法标准》JGJ/T 70

32 《砌筑砂浆配合比设计规程》JGJ/T 98

33 《混凝土和砂浆用天然沸石粉》JGJ/T 566

34 《抹灰砂浆技术规程》JGJ/T 220

35 《再生骨料应用技术规程》JGJ/T 240

36 《石灰石粉在混凝土中应用技术规程》JGJ/T 318

37 《预拌混凝土绿色生产及管理技术规程》JGJ/T 328

38 《砌筑砂浆增塑剂》JG/T 164

39 《砂浆、混凝土防水剂》JC 474

40 《混凝土和砂浆用颜料及其试验方法》JC/T 539

41 《干混砂浆生产工艺与应用技术规范》JC/T 2089

42 《建材工业用干混砂浆混合机》JC/T 2182

43 《建筑干混砂浆用可再分散乳胶粉》JC/T 2189

44 《建筑干混砂浆用纤维素醚》JC/T 2190

45 《抹灰砂浆添加剂》JC/T 2380

46 《大气污染物无组织排放监测技术导则》HJ/T 55

47 《环境空气 PM10 和 PM2.5 的测定 重量法》HJ 618

48 《企业安全生产标准化基本规范》AQ/T 9006

49 《混合砂混凝土应用技术规程》DBJ41/T 048

50 《预拌砂浆生产与应用技术规程》DBJ41/T 078

51 《预拌混凝土和预拌砂浆厂（站）建设技术规程》DBJ 41/T 165

52 《绿色建材评价技术导则（试行）》（第一版）

河南省工程建设标准

预拌砂浆绿色生产与管理技术标准

DBJ41/T 245-2021

条 文 说 明

目　次

1 总　则

1.0.1 本条说明了制定本标准的目的。

预拌砂浆由专业生产厂生产。采用绿色生产与管理技术,提高了砂浆行业的生产和管理水平,可以保证砂浆的质量,促进节能减排,减少粉尘污染,改善工作场所的环境,保障人身安全,并保护城乡环境,对于我省预拌砂浆行业健康发展具有重要意义。

1.0.2 本条说明了本标准的适用范围。

2 术 语

2.0.1 本条从手段和目标给出了预拌砂浆绿色生产的定义。

2.0.2 同《绿色建材评价技术导则(试行)》(第一版)中对绿色建材的定义。

2.0.3~2.0.5 同《预拌砂浆生产与应用技术规程》DBJ41/T 078中对预拌砂浆、湿拌砂浆和干混砂浆的定义。

2.0.7 本条明确了湿拌砂浆生产废料的主要来源及组成。含泥量高的浆水不宜再利用。

2.0.8 本条明确了干混砂浆灰料的来源。

2.0.9 本条明确了湿拌砂浆生产废水的主要来源及组成。含泥量高的废水不宜再利用。再利用湿拌砂浆生产废水宜控制废水的浓度。

3 基本规定

3.0.1 预拌砂浆绿色生产与管理涉及国家、行业和地方不同规范标准及管理制度有关节能、节材、节水、节地和环境保护的规定内容,因此预拌砂浆绿色生产与管理应符合相关的规定。

3.0.2 《预拌混凝土和预拌砂浆厂(站)建设技术规程》DBJ41/T 165 专门对预拌砂浆厂(站)的设计和建设作了较详细的规定,因此预拌砂浆厂(站)的设计和建设应符合《预拌混凝土和预拌砂浆厂(站)建设技术规程》DBJ41/T 165 的规定。

3.0.4 企业制定的噪声、粉尘和污水排放控制制度以及湿拌砂浆生产废料、干混砂浆灰料和湿拌砂浆生产废水处理制度,内容应包括目的、控制范围、控制目标、相关人员职责、控制措施、工作程序以及应急预案等,企业应培训、宣贯,并有效实施。

3.0.6 对于普通砂浆,为了保证砂浆的质量,砂浆抗压强度实测值不应小于设计值,因此本条规定预拌砂浆企业应控制砂浆强度实测值与设计值的比值不应小于 1.0;而在普通砂浆的基本组成材料中,水泥的价格最贵,所以在满足砂浆强度的前提下,单位砂浆的水泥用量愈少愈经济。因此,本条规定预拌砂浆企业应控制砂浆强度实测值与设计值的比值不宜大于 2.0。对于 EPS 外墙外保温系统用黏结砂浆、EPS 外墙外保温系统用抹面砂浆以及干混陶瓷黏结砂浆的原始拉伸黏结强度实测值与设计值的比值的规定同样是基于上述原因。

3.0.7 产品强度的离散系数取决于砂浆生产过程中的质量控制,质量控制越差,强度的离散系数越大,就需要提高砂浆的试配强度,由于砂浆的强度主要取决于单位体积砂浆的水泥用量,这就需要增加水泥用量,这是不经济的。强度的离散系数太小,又需要过大的管理成本,因此本条规定了企业宜将连续 10 个批次产品强度的离散系数控制在 10%~30%的范围内。

3.0.8 本条基于砂浆的施工便利性,参照《绿色建材评价技术导则(试行)》(第一版)中普通砂浆保水率的实测值与设计值的比值范围,对 EPS 外墙外保温系统用黏结砂浆、EPS 外墙外保温系统用抹面砂浆的可操作时间不小于 1.5 h 时,拉伸黏结强度实测值与设计值的比值范围,以及干混陶瓷黏结砂浆分别晾置 20 min 后的拉伸黏结强度实测值与设计值的比值范围作了规定。

3.0.11 本条所说的应用技术文件,主要指的是预拌砂浆企业应对其生产的产品编制施工应用指南和使用说明书,以及产品生产过程的企业标准和技术规程。

3.0.12 采用 BDS 或 GPS 可避免交通拥挤,提高车辆的利用率,降低运输成本,实现节能减排。

3.0.16 根据国家节能减排的要求,预拌砂浆企业应控制单位砂浆生产能耗,因此本条规定预拌砂浆企业应对砂浆生产用燃料进行计量,以降低砂浆生产的能源消耗。

4 质量管理

4.1 一般规定

4.1.4 本条所说的预拌砂浆企业的技术人员包括实验室的检测人员,因此实验室的检测人员应参加由行业行政管理部门或相关培训机构组织的专业培训和技术交流活动。

4.2 质量部门管理

4.2.1 质量管理部门是保证企业产品质量的前提,因此本条规定预拌砂浆企业应建立专门的质量管理部门,并且质量管理部门应具备生产过程质量控制和处理现场工程质量问题的能力。

4.3 实验室管理

4.3.2 本条对预拌砂浆企业实验室的人员配置及人员管理作出了规定:

1 为了更好地完成检测工作,主要检测人员的专业要是无机非金属材料、土木和化学三个专业,每个专业应不少于1人。

2 本条规定实验室主任和技术负责人应具备本专业高级技术职称或中级职称并具有6年以上本专业从业经历或同等能力,胜任所承担的工作。以下情况可视为同等能力:

　　1)博士研究生毕业,本专业从业经历1年及以上;

　　2)硕士研究生毕业,本专业从业经历3年及以上;

　　3)大学本科毕业,本专业从业经历5年及以上;

　　4)大学专科毕业,本专业从业经历8年及以上。

4 实验室应制定人员管理程序,该管理程序应对实验室的抽样、设备操作和检测等人员规范管理,确保相关人员满足其工作类型、工作范围和工作量的需要。

5 实验室应以文件规定或者合同约定等方式确保不录用同时在两家或两家以上预拌砂浆企业实验室从业的人员。

4.3.3 实验室应具有满足检测所需的工作场所,并依据规范标准,识别检测所需的环境条件,并对环境条件进行控制。

4.3.4、4.3.6 实验室应有良好的内务管理。各功能区域应有清晰界限,防止相互影响。当相邻区域的活动或工作出现不相容或相互影响时,实验室应对相关区域进行有效隔离,采取措施消除影响,防止干扰或者交叉污染,应对人员进入或使用对检测质量有影响的区域予以控制。当检测规范标准对环境条件有要求或者环境条件影响检测结果时,应监测、控制和记录环境条件。当环境条件不能满足检测要求时,应停止检测。

4.3.7 原始记录采用统一格式是保证记录信息完整准确的前提,因此实验室应对不同种类的记录分别设计不同的格式,同一试验采用统一格式。原始数据应在产生时予以记录,不允许后补或重抄。原始记录应包括充分的信息,除检测原始数据外,还有检测依据、检测设备状态、检测环境、检测人员等信息记录。

4.3.8 实验室应将检测原始记录和报告一并归档,并完好保存检测原始记录。当法律法规或者规范标准没有特别要求时,检测原始记录的保存期不应少于6年。

4.3.10 实验室的仪器设备在使用前应进行检定或校准,并应对检定或校准结果进行确认,确认检定或校准结果是否满足检测方法的要求,是否覆盖了所要使用的量程范围。

4.3.11 仪器设备的状态标识一般分为"合格""准用"和"停用"三种,通常用"绿色""黄色"和"红色"三种颜色表示。

5 生产工艺设施设备

5.1 一般规定

5.1.1 噪声、能耗和粉尘排放,以及碳排放和产品质量均与设备有关,因此预拌砂浆企业应优先选用低噪声、低能耗、低排放绿色环保设备。

5.1.2 清洁能源是指在生产和使用过程中,不产生有害物质排放的能源。包括可再生的、消耗后可得到恢复的,或非再生的(如风能、水能、天然气等)及经洁净处理过的能源。禁止生产中使用煤作为燃料。

5.1.3 生产性粉尘排放达到标准要求是预拌砂浆企业绿色生产的主要控制目标,因此湿拌砂浆的搅拌主机和配料机、干混砂浆的混合机、干燥干混砂浆用砂的烘干机、骨料堆场、骨料配料仓、骨料输送管道应采用整体封闭的方式,进行全封闭。湿拌砂浆的骨料堆场应安装喷淋装置。

5.1.4 本条引用了现行地方标准《预拌混凝土和预拌砂浆厂(站)建设技术规程》DBJ41/T 165 的规定。

5.1.5 本条引用了现行地方标准《预拌混凝土和预拌砂浆厂(站)建设技术规程》DBJ41/T 165 的规定。

5.1.6 购买搅拌机、装载机等噪声相对较大的设备时应考虑选用低噪声的设备。为了降低噪声对人员的影响,生产企业应对搅拌机、装载机等主要设备设施进行降噪处理。粉料卸车时一般会产生较大的噪声,预拌砂浆生产企业应采取有效措施降低噪声对周围环境的影响。

5.1.7 预拌砂浆企业生产线临近居民区且环境噪声限值不符合本标准规定时,应安装隔声装置降低噪声排放。

5.2 湿拌砂浆生产设施设备

5.2.3 将搅拌机、配料机和粉料筒仓封闭在搅拌楼内,有助于控制生产性粉尘和噪声对周围环境的影响,实现砂浆的绿色生产。

5.2.5 原材料计量准确是保证产品质量的前提,本条的规定均是为了保证原材料计量准确。

5.2.6 对粉料筒仓顶部、粉料储料斗、搅拌机进料口安装除尘装置可以避免粉尘的外泄,滤芯等易损装置应定期保养和更换。水泥和矿物掺合料可以单独进行粉尘收集,收集后的粉尘通过管道和计量装置进入搅拌机,分别可以作为水泥和粉煤灰循环利用。

5.2.9 粉料筒仓的仓顶除尘装置应一月清理滤芯一次,1~2 年更换,并有保养及更换记录。集料斗除尘装置应半年或 3 万~5 万 m^3 更换一次,并有更换记录。

5.2.15 骨料堆放场车辆进出口和卸料区是扬尘的重点区域,为了减少粉尘污染,应配置喷淋设施降尘或负压收尘等装置收尘。

5.2.16 采用布料机装卸砂、石,有利于噪声控制。砂、石装卸作业宜采用静音装载机。

5.2.17 应配备运输车清洗装置,实现运输车辆的自动清洗。

5.3 干混砂浆生产设施设备

5.3.1 对于规模较大的干混砂浆生产线宜有骨料制备系统。骨料制备系统可包括大块石料的破碎系统、机制砂制砂系统、含水骨料的烘干系统、干燥骨料的分级系统。对于一般规模的干混砂浆生产线应包括储存、输送、烘干、筛分、计量、混合、包装或散装、运输等工序。

5.3.2 为了控制噪声和粉尘的排放,干混砂浆的混合机和粉料筒仓应设在封闭的搅拌楼内。

5.3.3 本条对厂内材料的储存与运输作出了规定:

4 筒仓应根据储存物料的性质合理设置安全阀、通气口、收尘器,不得出现粉尘外溢现象。

5.3.4 本条对机制砂制备系统作出了规定。

2 为了保证机制砂制备系统平稳运行,喂料应连续、可调、可计量。

3 与传统的破碎机相比,立式冲击式制砂机所制机制砂的粒形与级配均较好,有利于改善砂浆的各项性能。

4 机制砂系统分离出来的石粉多,不能全部用于干混砂浆的生产,因此多余的石粉应采用封闭的筒仓存放,并应得到合理的应用,不能成为污染源。

5.3.5 本条对烘干系统作出了规定:

4 为了防止高温对砂浆外加剂,特别是防止高温对有机砂浆外加剂性能的影响,烘干砂的出料温度不宜高于 70 ℃。

5 烘干系统收集的粉料,应根据性能特点,能够用于生产干混砂浆的,可以混合到干砂中使用,不能使用的粉料,应进行有效的处置。

5.3.6 干砂分级系统应符合下列要求:

3 分级系统收集的粉料,宜单独存放,并应合理利用。

5.3.10 具有收尘功能的干混砂浆运输车可以有效地减少施工现场的扬尘,因此应采用具有收尘功能的干混砂浆运输车运输干混砂浆。

5.4 废料废水处理设施

5.4.1 完善的生产废水处置系统,是生产废水有效处理和再利用的关键,因此预拌砂浆生产企业应配备完善的生产废水处置系统。连通所有生产废水排放的区域的排水沟系统,不仅有利于废水的再利用,而且有助于保持良好的环境卫生。

5.4.2 为了保护环境,实现固体废弃物的零排放,由砂浆回收系统分离出的砂、浆液可再利用于预拌砂浆的生产。

5.4.3 为了保证湿拌砂浆的质量稳定,应确保进入搅拌主机的废水中固体颗粒分散均匀,且可以控制浓度。

6 生产质量控制

6.1 一般规定

6.1.1 原材料的质量稳定可靠是保证预拌砂浆质量的前提,因此预拌砂浆企业应对原材料提供者进行评价,并保存评价记录和获得批准的合格原材料提供者名单。

6.1.2 预拌砂浆企业应做好原材料进货记录,并保留生产单位按批提供的原材料质量证明文件,拒收质量证明文件不齐全的原材料。

6.1.3 为了保证砂浆生产用原材料满足相应标准规范的要求,必须确保原材料先检测,检测合格后方能用于生产。

6.1.5 封存样品的封条应至少注明原材料生产企业名称、样品编号、样品品种、规格、生产日期、批号及数量、封存日期。样品经双方授权人签名或盖章后封存。封存样品的存放时间应符合国家相关标准规定或双方协商确定。

6.1.6、6.1.7 优先考虑利用地方资源和运输半径小的原材料是为了降低原材料运输距离对产品成本的影响,减少运输过程的碳排放并降低运输成本。

6.2 预拌砂浆原材料

6.2.2 从安全生产上考虑,作了本条规定。

6.2.3 本条对预拌砂浆采用的胶凝材料作了规定。

    1 水泥一般宜采用硅酸盐水泥和普通硅酸盐水泥,但对其他品种水泥,只要能满足砂浆产品的性能指标,也允许使用。

    2 相对固定水泥生产厂家,以便更好地熟悉和掌握该水泥的性能,并且能获得质量稳定的砂浆。

6.2.4 本条规定了用于生产预拌砂浆的细骨料的基本要求。

1 我省天然砂资源匮乏，郑州地区基本枯竭，其他地区因环境保护的压力，已限制或者严禁开采天然河砂。而黄河河道两旁又存在大量的细砂和特细砂，甚至还有部分黄河砂的粒径太细，不符合行业标准规定的特细砂要求，其单独使用受到限制或者根本不能单独使用。若将一定量的机制砂与黄河砂混合，通过调整比例使其细度模数达到 2.3～3.0，即达到中砂，而且这两种砂的性能优势互补，黄河砂良好的粒形可以弥补机制砂粒形差的缺点，细度模数大的机制砂可以弥补黄河砂细度模数小的缺点，一种良好级配的混合砂，可以配制出流动性好、离析泌水少、可操作性好的砂浆。使用黄河砂既充分利用了资源，又有助于增强调水调沙冲刷下游河床的效果。因此，可以采用机制砂或混合砂生产砂浆。本条规定机制砂和混合砂应符合我省地方标准《混合砂混凝土应用技术规程》DBJ41/T 048 的要求。

4 目前，砂源短缺，我省已有工程因采用具有膨胀性的砂，导致混凝土或砂浆破坏的现象，因此采用特种砂代替细骨料的，严禁使用来源不明的细骨料，防止砂浆耐久性受到不利影响。

6.2.5 本条对预拌砂浆采用的矿物掺合料作了规定。

1～3 当前，因矿物掺合料供应紧张，市场已出现质量低劣的假冒掺合料，因此预拌砂浆生产用矿物掺合料应符合相关规范标准的要求，严禁使用来源不明的矿物掺合料。

6.2.6 本条对预拌砂浆采用的外加剂和添加剂作了规定。

6.2.7 利用循环水作为湿拌砂浆拌和用水也应符合现行行业标准《混凝土用水标准》JGJ 63 的规定要求。

6.3 配合比的确定和执行

6.3.1 预拌砂浆配合比的设计和试配是确保所采用的配合比生产的产品性能满足相关规范标准要求的前提，因此预拌砂浆生产前必须进行配合比的设计和试配。

6.3.2 预拌砂浆的试配强度应既要充分考虑强度的保证率,又要考虑砂浆的经济性,即预拌砂浆的试配强度不能过高,更不能低于设计的砂浆强度等级。

6.3.4 预拌砂浆企业应定期进行砂浆强度统计分析,并根据统计数据控制产品质量,调整砂浆试配强度,了解和改进企业的生产管理技术水平。

6.4 湿拌砂浆生产质量控制

6.4.1 计量

1~3 材料的计量准确是保证砂浆性能的前提,为了保证砂浆质量的稳定,本条对计量设备和计量允许偏差作了一些规定。

6.4.2 搅拌

1 为保证砂浆拌和物的均匀性,本条对搅拌时间作了规定。

2 砂的含水率变化直接影响水灰比的变化,进而影响砂浆拌和物及硬化砂浆性能。因此,本条规定每个工作班至少测定一次,当砂的含水率有显著变化时,应增加测定次数。

6.4.3 运输

3 为保证湿拌砂浆在运输过程中不发生分层,砂浆的运输宜采用带有搅拌装置的运输工具。

4 运输和卸料过程中禁止向砂浆中加水。

5 湿拌砂浆的运输延续时间与不同的气温条件有关,要避免过长的运输时间以防交货稠度与出机稠度的偏差难以控制。所以,规定砂浆的运输延续时间应符合正文表 6.4.3 的规定。

6.4.4 储存

1 砂浆的储存要求防止水分蒸发,要求容器不吸水是为了长时间保持砂浆不凝结。

3 超过凝结时间的砂浆不能保证其工作性和强度,因此禁止使用。

6.5 干混砂浆生产质量控制

6.5.1 干混砂浆中的细骨料必须经过烘干,否则细骨料中的水分容易与胶凝材料作用而难以保证砂浆的质量。

6.5.2 细骨料的粒径与级配严重影响砂浆的质量,因而对细骨料应进行筛分。

6.5.3 本条对计量允许误差作了规定,并应定期对计量设备进行检定,且每生产班要对计量设备进行自校,确保原材料计量准确。

6.5.5 包装

　　3 由于干混特种砂浆品种较多,且人们对干混砂浆的使用方法还不是十分清楚,因而其标志应具体而明晰。

6.5.6 运输和储存

　　1~3 袋装和散装干混特种砂浆在运输和储存过程中主要是防水、防潮,以保证砂浆质量。储存环境温度宜在 5~35 ℃之间。

7 产品出厂和交货验收

7.1 本条明确了企业的质量管理部门负责管理产品出厂,企业的质量管理部门应指定专人负责产品出厂的事宜。

7.2 本条明确了预拌砂浆企业的产品必须经出厂检测,各项出厂检测项目的指标符合要求时,方可出厂。

7.4 预拌砂浆企业应编制详细的产品使用说明书或施工应用指南,指导用户正确使用。

7.5 为了方便和公平处理产品质量争议,预拌砂浆企业应在购销合同中明确产品的验收方法,包括取样方法和频率、试件制作和养护、产品技术指标的要求以及产品质量争议的处理方法等内容。

7.7 做好售后服务,广泛征询用户的意见,可以不断改进和提高产品质量。

8 安全生产和职业健康

8.1 预拌砂浆企业安全生产标准化水平应至少符合现行行业规范《企业安全生产标准化基本规范》AQ/T 9006 规定的三级水平，鼓励企业获得三级及其以上安全生产标准化证书。

8.2 对生产区的危险设备和地段设置醒目安全标识，可以避免或减少安全事故的发生，提高企业的安全生产水平。

8.5 预拌砂浆企业应设置安全生产管理和安全事故应急小组，明确人员职责，有人员的详细通信方式，制订安全事故应急预案，分析危险源，针对不同的危险源，提出有针对性的应急预案。

8.6 在噪声、粉尘污染场所工作人员通过佩戴防护器具，保护自身的身体健康。

8.7 定期进行体检可以及时了解长期处于粉尘和噪声污染的工作人员的健康状况，便于适时调整人员的工作岗位。